图说

北京建筑

Architecture in Beijing : An illustrated Guide

索智 等编

中国建筑工业出版社
CHINA ARCHITECTURE & BUILDING PRESS

目录 CONTENTS

八达岭长城

颐和园

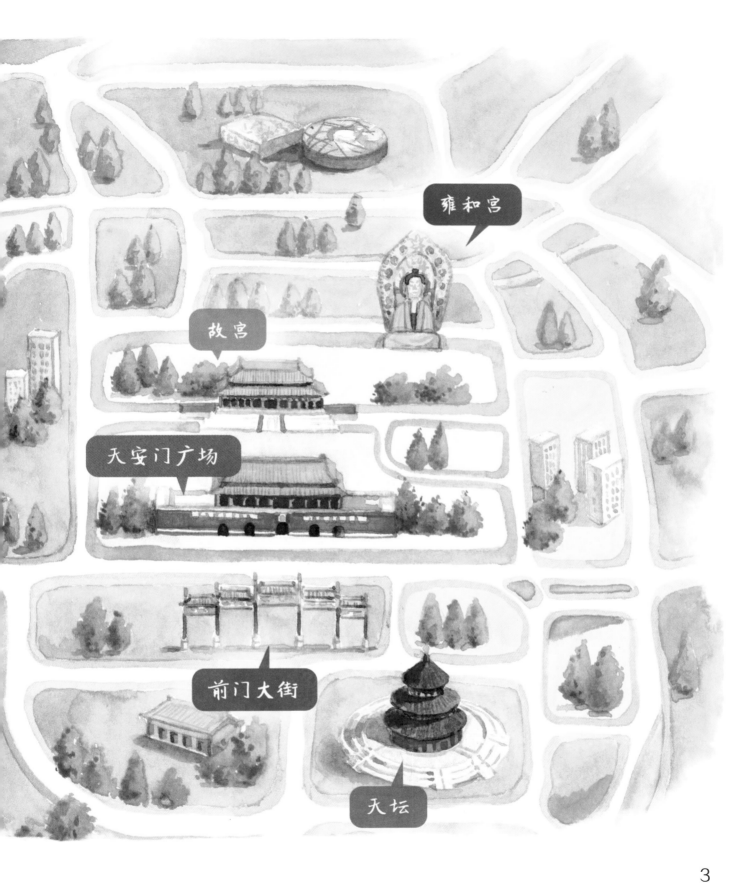

前门大街

京城历史文化古街

头衔
历史文化名街

建筑年代
明、清、当代

建筑关键词
北京老字号、朝前市

前门大街位于北京城中轴线上，全长845米，是北京最大的古城保护区，也是天安门广场周边唯一规划的商业街区。明初，朝廷改建京城，修建了正阳门等9个城门，各类集市会聚城中，前门大街日臻完善，热闹非凡，不仅带动了前门区域的商业发展，连同附近的大栅栏、鲜鱼口也兴盛起来。

前门大街历史悠久，大浪淘沙的沿革之中，这里遗存了大量的非物质文化遗产和历史悠久的中华老字号，如六必居酱园、同仁堂药店、瑞蚨祥绸布店、内联升鞋店、都一处烧麦店等16处老字号，这些老字号大多分布在前门大街道路两侧。

六百多年的历史积淀，铸就了前门街区浓厚的文化血脉和坚实的文化根基，前门街区以无可替代的历史和文化地位在古都北京的心脏熠熠生辉。

底蕴厚重的正阳门

正阳门位于前门大街北端，天安门广场南缘，始建于明永乐十七年，原名丽正门，后改称正阳门，因其位于紫禁城的正前方，又有"前门"之称。正阳门是老北京"京师九门"之一，集正阳门城楼、正阳门箭楼与正阳门瓮城为一体，是一座完整的古代防御性建筑体系。

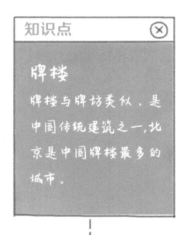

知识点 ⊗

牌楼

牌楼与牌坊类似，是中国传统建筑之一，北京是中国牌楼最多的城市。

正阳门城楼

正阳门城楼是内城九门中最高大的一座，为老北京城垣建筑的代表之作，现仅存城楼和箭楼，是北京城内唯一保存较完整的城门。

正阳门箭楼

箭楼在正阳门城楼南，箭楼设四层箭孔，每层13孔，东西各设4层箭孔，每层4孔，抱厦（指在原建筑之前或之后接建出来的小房子）东西两侧各5孔，共94孔，供对外射箭用。

前门大街的老字号

北京前门大街历史悠久，造就了许多著名的中华老字号，如全聚德烤鸭店、都一处烧麦馆、月盛斋酱肉店、一条龙羊肉馆、张一元茶庄、大北照相馆等，到北京旅游，前门成为许多人了解老字号商业、购买老字号商品的首选去处。

全聚德烤鸭店

北京全聚德烤鸭店由杨寿山于1864年创建，彼时，杨寿山由河北逃荒到北京，先在前门肉市做生鸡生鸭买卖，积攒了一些资本后，盘下肉市中一家濒临倒闭的干果店，开了个烤炉铺，重立新字号，名为"全聚德"。

吴裕泰茶庄

自光绪十三年（公元1887年）徽州歙（shè）县人吴锡卿创号开始，至今已有120多年的历史。

天福号始创于乾隆三年（公元1738年），创始人是山东掖县人刘凤翔，主营酱肘子，天福号的酱肘子肉皮酱紫油亮，鲜香四溢；肉食入口无油腻之感，回味长久。2008年天福号酱肘子制作技术纳入国家级非物质文化遗产保护名录。

广和楼

广和楼又名"广和查楼"，曾为京城最早最出名的戏楼，这里封存着老北京对梨园文化最初的记忆。康熙皇帝曾到此看戏，并赐台联"日月灯，江海油，风雷鼓板，天地间一番戏场；尧舜旦，文武末，莽操丑净，古今来许多角色"。

天安门广场

世界最大的城市广场

头衔
全国重点文物保护单位

建筑年代
明、清、当代

建筑关键词
中国的象征、皇城大门

天安门广场，位于北京市中心地带，是世界上最大的城市中心广场。同时也是无数重大政治、历史事件的发生地，1986年被评为"北京十六景"之一，景观名"天安丽日"。

天安门广场中央矗立着人民英雄纪念碑和庄严肃穆的毛主席纪念堂，广场西侧是人民大会堂，东侧是国家博物馆，南侧是正阳门。

天安门城楼位于故宫南端，天安门广场北侧是明清两代北京皇城的正门，1949年10月1日，中华人民共和国在这里举行了开国大典；1961年，天安门被国务院定为全国重点文物保护单位。

外金水桥 坚实稳固

天安门前的金水河上有七座精美的汉白玉桥，一般称为外金水桥。桥面略拱，桥身如虹，构成绮丽的曲线美。

在古代，外金水桥的七座桥使用对象各有不同。中间最突出的一座桥称为"御路桥"，雕刻蟠龙柱头，只限天子行走。"御路桥"两旁的叫"王公桥"，只许宗室亲王行走。"王公桥"左右的叫"品级桥"，准许三品以上的文武大臣行走。最靠边的普通浮雕石桥，则供四品以下官员和兵丁来往使用。

华表 巍然耸立

天安门前的华表迄今已有500多年的历史。华表以汉白玉雕刻而成，分为柱头、柱身和基座三个部分，通高为9.57米，重2万多公斤。

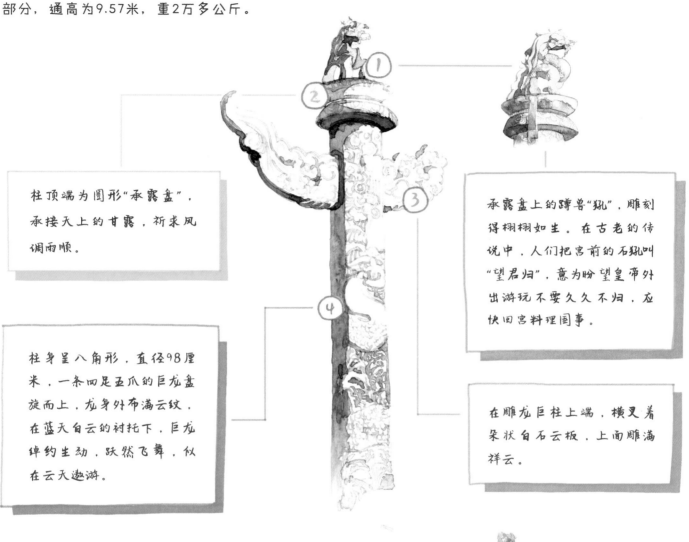

柱顶端为圆形"承露盘"，承接天上的甘露，祈求风调雨顺。

承露盘上的蹲兽"犼"，雕刻得栩栩如生。在古老的传说中，人们把宫前的石犼叫"望君归"，意为盼望皇帝外出游玩不要久久不归，应快回宫料理国事。

柱身呈八角形，直径98厘米，一条四足玉爪的巨龙盘旋而上，龙身外布满云纹，在蓝天白云的衬托下，巨龙绰约生动，跃然飞舞，似在云天遨游。

在雕龙巨柱上端，横叉着朵状白石云板，上面雕满祥云。

世界最大的城市广场

天安门广场南北长880米，东西宽500米，面积达44万平方米，可容纳100万人举行盛大聚会，是当今世界上最大的城中广场，每天都有成千上万的人到这里参观、游览，感受广场的巍峨壮丽，感受历史的沉淀缩影。

毛主席纪念堂

毛主席纪念堂是中国的最高纪念堂，在这里，安放着毛泽东主席的遗体，并设有毛泽东、周恩来、刘少奇、朱德、邓小平、陈云革命业绩纪念室。

人民大会堂

人民大会堂是全国人民代表大会和全国人大常委会办公的地方，是党中央、国务院和各人民团体政治活动的重要场所。人民大会堂三楼中央大厅，也叫"金色大厅"。这里是党和国家领导人举行我国最高规格新闻发布会的大厅，是我国重大政治和经济政策动向的"窗口"。

> **知识点**
>
> 梁思成（1901年4月20日—1972年1月9日），毕生致力于中国古代建筑的研究和保护，是建筑历史学家、建筑教育家和建筑师。参与了人民英雄纪念碑、中华人民共和国国徽等作品的设计。以他名字命名的"梁思成建筑奖"，是授予中国建筑师的最高荣誉奖，以表彰奖励在建筑设计创作中做出重大贡献和成绩的杰出建筑师。

天安门城楼

天安门城楼是中国古代最壮丽的城楼之一，同时具有重大政治意义。1949年10月1日，毛泽东主席在这里庄严宣告"中华人民共和国成立了"并亲自升起了第一面五星红旗。

人民英雄纪念碑

人民英雄纪念碑位于北京天安门广场的中心，是为了纪念中国近现代史上的革命烈士而修建的纪念碑。人民英雄纪念碑是新中国成立后首个国家级公共艺术工程，由梁思成等人设计并经集体讨论通过。整座纪念碑雄伟壮观，庄严肃穆，表达了中国人民对革命先烈的敬仰之情。

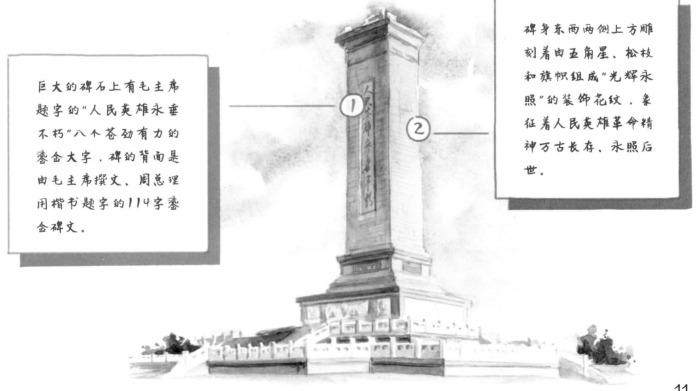

巨大的碑石上有毛主席题字的"人民英雄永垂不朽"八个苍劲有力的鎏金大字，碑的背面是由毛主席撰文、周总理用楷书题字的114字鎏金碑文。

碑身东西两侧上方雕刻着由五角星、松枝和旗帜组成"光辉永照"的装饰花纹，象征着人民英雄革命精神万古长存、永照后世。

故宫

明清两代皇帝的紫禁城

头衔

世界文化遗产、国家5A级旅游景区

建筑年代

明、清

建筑关键词

宫殿、皇家、紫禁城、文物、后宫

故宫，旧称紫禁城，是明清两代的皇宫，现已改为故宫博物院。

故宫的整体建筑金碧辉煌，庄严绚丽，与法国的凡尔赛宫、英国的白金汉宫、美国的白宫、俄罗斯的克林姆林宫同誉为世界五大宫，并被联合国教科文组织列为世界文化遗产。

故宫的宫殿建筑是中国现存最大、最完整的古建筑群，有殿宇宫室9999间半，被称为"殿宇之海"。

故宫宫殿可分为外朝和内廷两大部分。外朝以太和、中和、保和三大殿为中心，文华、武英殿为两翼。内廷以乾清宫、交泰殿、坤宁宫为中心，东西六宫为两翼，布局严谨有序。

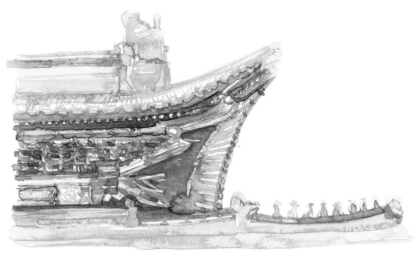

中国古代屋顶样式繁多，而且有严格的等级区别，根据房屋的用途和主人的地位而定，不得违制。

故宫彩画

彩画是我国古代建筑上极富特色的装饰，多绘于梁枋、斗拱、木柱、天花之上，颜料为彩色油漆，色彩艳丽保留持久。彩画题材广泛，形式多样，不同的彩画式样彰显着不同的建筑等级。

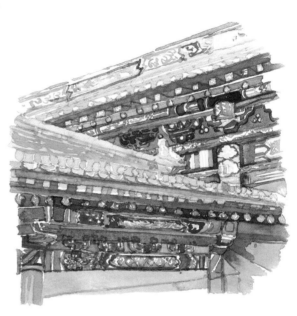

故宫斗拱

斗拱是我国古代建筑特有的结构构件，由方形的斗、矩形的拱和斜的昂组成，作用是支撑无顶出檐，减少室内大梁的跨度，将屋顶大面积的荷载经过斗拱传递到柱子上。

13

太和殿——等级最高的殿宇

外朝三大殿是故宫中最著名的一片建筑群，他们依紫禁城内的中轴线而建，位居正中心，建筑整齐、气势恢宏、雄伟壮丽，乃是中国历史建筑中的最佳艺术典范，从另一个角度，也代表了封建社会皇权无上的传统思想。

太和殿是外朝三大殿中的主殿，俗称"金銮殿"，是紫禁城城内体量最大、等级最高的建筑物，建筑规制之高，装饰手法之精，堪列中国古代建筑之首。

日晷

太和殿面阔十一间，进深五间，面积宽敞宏大，是紫禁城内规模最大的殿宇。

太和殿前有宽阔的平台，俗称月台。月台上陈设日晷、嘉量（古代测定体积的标准量器，太和殿前的嘉量象征国家的统一和强盛）各一，铜龟、铜鹤各一对，铜鼎18座。鹤和龟均为长寿的象征。

日晷，本义是指太阳的影子。现代的"日晷"指的是人类古代一种计时仪器，又称"日规"。其原理就是利用太阳的投影方向来测定并划分时刻。

知识点 ⊗

wǔ
庑殿顶

庑殿顶由一条正脊和四条垂脊共五脊组成，屋顶有四面斜坡。庑殿顶又分为单檐和重檐两种。所谓重檐，就是在上述屋顶之下，四角各加一条短檐，形成第二层檐。

太和殿为屋顶中最为尊贵的重檐庑殿顶，垂脊略弯曲，使屋顶曲面显得挺拔。

大殿正面梁枋饰以金龙和玺彩画，为清代彩画中等级最高的。

石雕龙头

殿下为高8米的三层汉白玉石雕基座，中辟三重石阶，周围环以栏杆，正中石阶中央为汉白玉御路石，雕云龙及海中仙山图案，象征江山永固，并寓意风调雨顺，国泰民安。

15

分明有序的建筑等级——屋脊兽

　　故宫建筑当中最能代表建筑等级的标志之一就是屋脊兽。屋脊兽的排列和数量就是这一等级制度的体现，屋脊四角的脊兽的品种与数量也与建筑本体的等级制度密切联系。屋脊兽一共有11个，分别为：骑凤仙人、龙、凤、狮子、天马、海马、押鱼、狻猊、獬豸、斗牛、行什。

háng shí
行什
行什是带有双翼的猴面人像，亦是中国古代神话的代表，它具有降魔、防雷、防雨的功效。

dǒu niú　qiú chī
斗牛/虬螭
斗牛是龙的一种，又称"虬螭"，是一种能除祸免灾的吉祥镇物。

xiè zhì
獬豸
獬豸有着羊的身体和麒麟的外观，它性格忠勇，能辨曲直，是勇猛、公正的象征。

行什　斗牛　獬豸　狻猊　押鱼　海马　天马　狮子　凤　龙　骑凤仙人

suān ní
狻猊

外形似狮，鬃毛浓窜披于肩头，故又称"披头"，乃是龙生九子之一。

押鱼

押鱼是神话传说中的海中异兽，有着兴云雨的能力，作为蹲脊兽，它有着天火防灾，保家安康的作用。

海马

海马是忠勇之兽，能入海临渊，有逢凶化吉的美好寓意。

天马

天马是一种造型似马的天上神兽，它忠勇善良，追风逐月，凌空照地，威风凛凛。

骑凤仙人

骑凤仙人又称真人或冥王。传说是齐闵王的化身，有着绝处逢生、逢凶化吉的能力。

狮子

佛教中的护法王，它勇猛威严，能镇吓百兽，作为蹲脊兽有着驱邪避妖的作用。

龙

身长有鳞，脚爪尖锐，能腾云驾雾，翻江倒海，还能吞风吐露，兴云降雨，是我国古代吉祥瑞兽的代表。

凤

我国的百鸟之王，存在于诸多神话故事之中，是一种形态华贵富丽的仁鸟，亦是祥瑞的象征，预兆天下太平，生活幸福美满。

天坛

皇家祭天之所

头衔

世界文化遗产、全国重点文物保护单位、国家5A级旅游景区

建筑年代

明、清

建筑关键词

祭天、祈福、天圆地方

天坛位于原北京外城的东南部，天坛是祈谷坛和圜丘坛的总称，是中国乃至世界现存最大的古代祭祀性建筑群。中国古代帝王自称"天子"，他们对天地非常崇敬，十分重视祭祀天地的活动。天坛就是明清两代帝王祭祀皇天、祈五谷丰登之所，而与天坛相对的还有地坛，是祭地之坛。

天坛总面积273万平方米，有两重垣墙，形成内外坛，坛墙南方北圆，象征天圆地方。主要建筑祈年殿、皇穹宇、圜丘坛建造在南北纵轴上，另有斋宫、神乐署自成院落。

祈年殿

祈年殿，又称祈谷殿，是天坛乃至北京的标志性建筑。它是明清两代皇帝举行孟春祈谷的地方，象征着中国古代"天圆地方"和"天人合一"的思想。

皇穹宇

皇穹宇位于圜丘台北侧，是存放祭祀神牌的处所。砖木结构，殿内没有横梁，全靠立柱和众多的斗拱支托屋顶，巧妙地运用了力学原理。围绕着皇穹宇的圆形围墙具有传声功效，俗称回音壁。

圜丘坛

圜丘坛是是一座巨大的圆形汉白玉露天祭台，是举行冬至祭天大典的场所。主要建筑有圜丘、皇穹宇及配殿、神厨、三库及宰牲亭。

斋宫

斋宫位于祈谷坛内坛西南隅，是皇帝举行祭天大典前进行斋戒的场所，布局严谨，环境典雅，是我国祭祀斋戒建筑的代表作。

知识点 ⊗

天圆地方

"天圆地方"是古代科学对宇宙的认识，是阴阳学说的一种体现。天坛和地坛就是遵循天圆地方原则修建的。天坛是圆形，圜丘的层数、台面的直径都是单数，即阳数，以象征天为阳。地坛是方形，四面台阶各八级，都是偶数，即阴数，以象征地为阴。

神乐署

神乐署坐落天坛西门内稍南侧，坐西向东，是天坛五组建筑之一，管理祭天时演奏古乐的机关，专门用来培训祭祀乐舞人员的机构。

孟春祈谷之所——祈谷坛

祈谷坛建于明朝永乐十八年（公元1420年），是举行孟春祈谷大典的场所。祈年殿是祈谷坛的中心建筑，它整体不用大梁长檩（檩是横搁在屋架上用来承受屋顶荷载的构件）及铁钉，完全依靠柱、枋、桷、闩支撑和榫接起来，俗称无梁殿，是北京现存最大的圆形木结构建筑，高大宏伟，气度不凡，亦是中国古典木结构建筑中的一大奇观。

祈年殿最顶端附有鎏金宝顶，与青色玻璃瓦顶搭配显得富丽堂皇。

鎏金宝顶

牌匾是中国独有的一种文化符号。它是融汉语言、汉字书法、中国传统建筑、雕刻、绘画于一体，集思想性、艺术性于一身的综合艺术作品。牌匾更是古建筑的必然组成部分，相当于古建筑的眼睛。

祈年殿

牌匾

木质红色的格扇窗子，精美复古。柔和的光线透过木窗，与殿内金碧辉煌的彩画交相辉映。

外圈12根外檐圆柱象征一天12个时辰。中圈12根圆柱代表一年12个月份。内圈4根圆柱代表一年中的四个季节。

格窗

圆柱

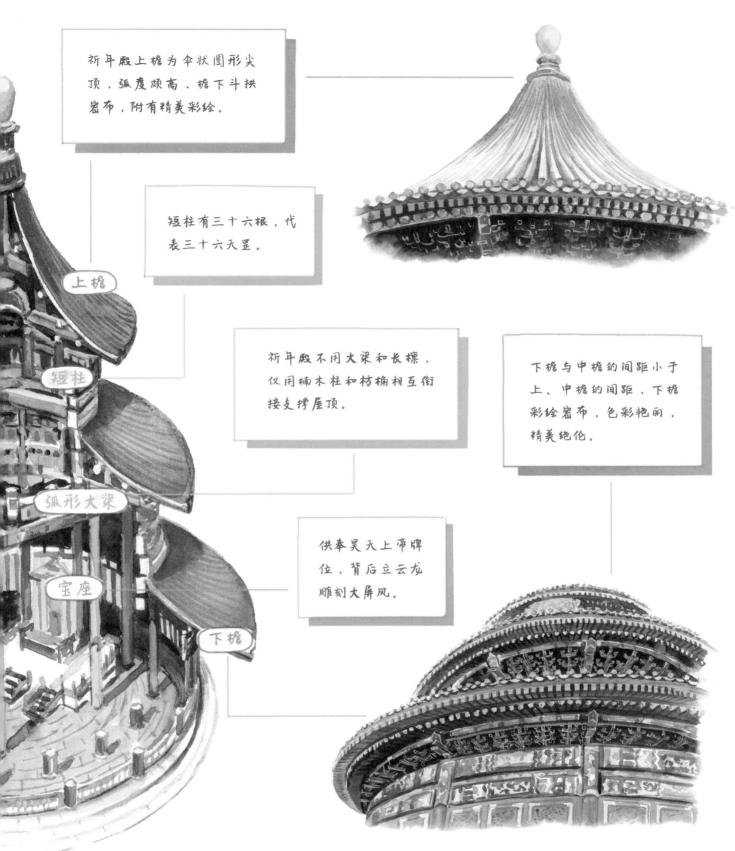

祈年殿上檐为伞状圆形尖顶，弧度颇高，檐下斗拱密布，附有精美彩绘。

短柱有三十六根，代表三十六天罡。

祈年殿不用大梁和长檩，仅用楠木柱和枋桷相互衔接支撑屋顶。

下檐与中檐的间距小于上、中檐的间距。下檐彩绘密布，色彩艳丽，精美绝伦。

供奉昊天上帝牌位，背后立云龙雕刻大屏风。

上檐

短柱

弧形大梁

宝座

下檐

雍和宫

藏传佛教皇家寺院

头衔

全国重点文物保护单位、国家4A级旅游景区

建筑年代

清

建筑关键词

王府、藏传佛教、寺庙

雍和宫是北京市内最大的藏传佛教寺院，也是中外闻名的藏传佛教寺院之一。藏传佛教俗称喇嘛教，是指传入中国西藏的佛教分支。

雍和宫最初建于康熙三十三年（公元1694年），是康熙帝赐予四皇子雍亲王（即日后的雍正皇帝）的府邸，也是乾隆皇帝的出生之地，乾隆九年（公元1744年）改为藏传佛教寺院，并成为清政府掌管全国藏传佛教事务的中心。雍和宫在清王朝统治的最高峰出了两位皇帝，成了"龙潜福地"，所以殿宇使用黄瓦红墙，与紫禁城皇宫一样规格。历经时代变迁的雍和宫直到今日依然一年四季香火不断。

雍和宫占地面积66400平方米，有殿宇千余间，规模宏大，其建筑风格非常独特，融汉、满、蒙等各民族建筑艺术于一体。各大殿堂内供有众多的佛像、珍贵的清代唐卡及大量稀有佛教文物。

法铃

　　法铃是喇嘛、僧人诵经作法时手中离不开的法器之一。法铃包含碰铃、金刚铃等类型，其材质大多是铜质，造型为喇叭口，柄把呈半根金刚杵形状，内有铃舌，外部镂刻着各种图案。在藏传佛教中，法铃具有深刻的内涵意义。铃象征着般若智，多与金刚杵合用。法铃上部相当于佛身，下部相当于佛语，金刚于其心中。法铃的含义是惊觉诸尊，警悟有情的意思。

金刚杵

　　金刚杵原为古印度的一种兵器，梵文"vajra"，意为"坚固"或"力大无比"，音译为伐折罗，藏语称为"多吉"。金刚杵是佛教密宗表示坚利之智、断烦恼、伏恶魔的法器。

转经筒

　　转经筒又称"嘛呢"经筒、转经桶等，与八字真言和六字真言（六字大明咒）有关，藏传佛教认为，持颂真言越多，越表对佛的虔诚，可得脱轮回之苦。藏族人民把经文放在转经筒里，每转动一次就相当于念颂经文一次，日积月累的转动就表示反复念诵着成千上万遍的"六字大明咒"。

严谨对称的汉藏混合式寺庙

作为北京最大的藏传佛教寺庙，雍和宫具有浓厚的汉藏混合风格。雍和宫由牌坊、天王殿、雍和宫大殿（大雄宝殿）、永佑殿、法轮殿、万福阁等五进宏伟大殿组成，另外还有东西配殿、"四学殿"（讲经殿、密宗殿、数学殿、药师殿）。整个雍和宫建筑布局院落从南向北渐次缩小，而殿宇则依次升高，是"正殿高大而重院深藏"的建筑布局。

 法轮殿

法轮殿是雍和宫内最大的殿堂之一，殿顶设有结构奇特的五座藏式镏金宝塔，深具藏汉建筑艺术特色。此殿是喇嘛诵经和举办法事活动的主要场所。

永佑殿

在王府时代，永佑殿是雍亲王的书房和寝殿。后成为清朝供先帝的影堂。永佑是永远保佑先帝亡灵之意。

雍和门

雍和门原是雍亲王府的大门，上悬乾隆皇帝手书"雍和门"大匾，相当于汉传佛教的山门、天王殿，正中供有弥勒菩萨像。

八角碑亭

八角碑亭位于雍和门外东西两侧，采用重檐攒尖顶及四面设廊的形式，精巧秀美。

万福阁

万福阁是雍和宫内最高大的殿阁，两旁是永康阁和延绥阁，结构设置十分巧妙，具有辽金时代的建筑风格。

万福阁

雍和宫大殿

钟楼

昭泰门

雍和宫大殿

雍和宫大殿原名银安殿，是当初雍亲王接见文武官员的场所，改建喇叭庙后，相当于一般寺院的大雄宝殿。

钟楼

钟楼位于昭泰门内的右侧，是一座重檐二层建筑物。它结构精巧，古朴精致，重檐下斗拱和横枋均有精美彩绘。

昭泰门

昭泰门是雍和宫的入口，此门面阔三间，是三进门，红色围墙黄色琉璃瓦绿色额枋，相辅相成，架构出古味十足的雍和宫大门。

颐和园

享誉盛名的皇家园林

头衔
世界文化遗产、国家5A级旅游景区

建筑年代
清

建筑关键词
皇家园林、寝殿、石桥、佛阁、戏楼

颐和园位于北京西北郊，它的建设利用昆明湖和万寿山为基址，以杭州西湖风景为蓝本，汲取江南园林的设计手法和意境而建成的一座大型天然山水园林，也是保存得最完整的一座皇家行宫御苑，被誉为皇家园林博物馆。

颐和园是晚清最高统治者在紫禁城之外最重要的政治和外交活动中心，是中国近代历史的重要见证与诸多重大历史事件的发生地。

颐和园景区规模宏大，园内建筑以佛香阁为中心，园中有景点建筑物百余座，大小院落20余处，古建筑3000多个，古树名木1600余株。其中佛香阁、长廊、石舫、苏州街、十七孔桥、谐趣园、大戏台等都已成为家喻户晓的代表性建筑。

十七孔桥

十七孔桥是一座雄伟壮观的多拱券大桥，始建于乾隆十五年（公元1750年），修建此桥是为了营造海上仙山的意境，桥的造型参考了金代中期建造的卢沟桥，比卢沟桥造型更好。

佛香阁

佛香阁耸立在万寿山前山，是一座宏伟的塔式宗教建筑，坐北朝南，南对昆明湖，背靠智慧海，周围的各建筑群整齐而对称地向两翼展开，形成众星捧月之势。佛香阁是颐和园的标志性建筑，亦是颐和园布局中心。

清晏舫又称石舫，是颐和园内唯一西洋式景观，它位于昆明湖岸边，始建于清乾隆年间，舫上舱楼原为古建筑形式，但在英法联军入侵时，舫上的中式舱楼被焚毁。光绪十九年（公元1893年），按慈禧太后意图，将原来的中式舱楼改建成西式舱楼，并取河清海晏之意，取名清晏舫。

清晏舫

恢弘绮丽的佛香阁建筑群

佛香阁建筑群是颐和园内一大著名建筑区域，这里布局严谨对称，南起昆明湖岸边的云辉玉宇牌楼，北向通过排云门、二宫门、排云殿、德辉殿、佛香阁直到山顶的智慧海，层层上升，气势连贯，从水面一直到山顶构成一条垂直上升的南、北中轴线。

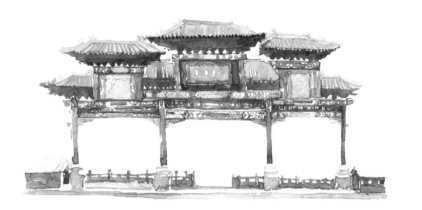

云辉玉宇牌楼

云辉玉宇牌楼紧邻昆明湖，是万寿山前山中央建筑群主轴线的起点，牌楼高大伟岸，四柱七楼，顶覆黄色琉璃瓦，绘金龙和玺彩画，等级极其高贵。

排云门

排云门坐北朝南，面阔5间，黄色琉璃瓦屋面，歇山式顶，门前各有一对铜狮，铜狮两边对称地排列着12块象征生肖的太湖石。

昆明湖

昆明湖位于佛香阁建筑群正面，它的面积约为颐和园总体面积的四分之三。湖水波光粼粼，天水一色，鸢飞鱼跃，景色秀丽至极。

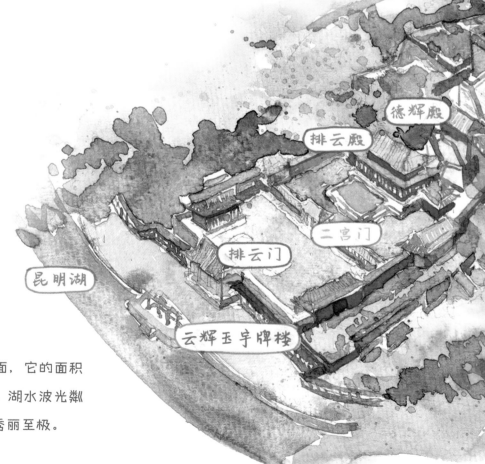

智慧海

"智慧海"一词为佛教用语，本意是赞扬佛的智慧如海，佛法无边。该建筑没有一根木料，全部用石砖砌成，所以称为"无梁殿"。又因殿内供奉了无量寿佛，所以也称它为"无量殿"。

德辉殿

德辉殿原为清漪园时期大报恩延寿寺多宝殿，大殿面阔五间，单檐正脊歇山顶，前出廊，两翼有爬山廊与排云殿相连，是帝后到佛香阁礼佛时更衣休息的场所。

知识点 ⊗

清漪园

清漪园是颐和园的前身。清漪园建于乾隆时期。1860年与圆明园一起被英法联军焚毁。慈禧太后重修清漪园后将其改名为颐和园。

排云殿

排云殿原为清漪园时期大报恩延寿寺大雄宝殿，坐北朝南，面阔5间，重檐歇山顶，为慈禧生日接受拜寿之殿。

智慧海

佛香阁

二宫门

二宫门是通往后方排云殿的宫门，四柱三间，简约又不失华贵，宫门两侧设有长廊。

八达岭长城

万里长城的代表之作

头衔

世界文化遗产、国家5A级旅游景区、全国重点文物保护单位

建筑年代

明、清

建筑关键词

军事防御、中国的象征、隘口

雄伟的万里长城是中华民族的代表，是我国历史文化遗产的精魂，是中国也是世界上修建时间最长、工程量最大的一项古代防御工程，自西周时期开始，延续不断修筑了2000多年。它饮渤海之涛，西扫千里戈壁，穿草原，越沙漠，傍黄河，攀高山，像一条腾飞的巨龙，纵横于华夏大地。

八达岭长城位于北京市延庆区军都山关沟古道北口，地势险峻，居高临下，史称天下九塞之一，是明代重要的军事关隘和首都北京的重要屏障。

八达岭景区不仅拥有壮丽雄奇的山川景色、古老神奇的防御建筑体系，还有丰富的历史文化内涵，脚下散落着中国长城博物馆和詹天佑纪念馆，百年京张铁路从城门穿过。

八达岭长城敌战台—坚实稳固

明长城上的敌战台，多骑墙而建，称为"空心敌台"，空心敌台一般由上、中、下三部分组成。下部为基座，用大条石砌成，高度与城墙相同。中部为空心部分，有的用砌墙和砖砌券拱承重，构筑成相互连通的券室；有的用木柱和木楼板承重，外侧包以厚重的砖墙，形成一层或二层较大的室内空间，以供士兵驻守、存放粮食和兵器。上部为台顶，多数敌台台顶中央筑有楼橹，供守城士兵避风避雨；也有的台顶铺墁成平台，供燃烟举火以报警，而无楼橹。

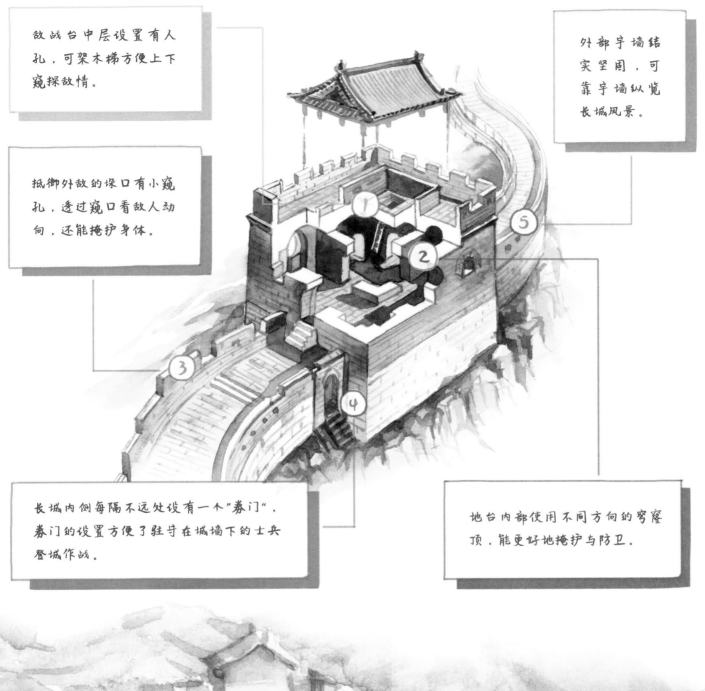

敌战台中层设置有人孔，可架木梯方便上下窥探敌情。

抵御外敌的垛口有小窥孔，透过窥口看敌人动向，还能掩护身体。

外部宇墙结实坚固，可靠宇墙纵览长城风景。

长城内侧每隔不远处设有一个"券门"，券门的设置方便了驻守在城墙下的士兵登城作战。

地台内部使用不同方向的穹窿顶，能更好地掩护与防卫。

图书在版编目（CIP）数据

图说北京建筑／索智等编.—北京：中国建筑工业出版社，2019.7
ISBN 978-7-112-23951-1

Ⅰ.①图… Ⅱ.①索… Ⅲ.①建筑艺术-北京-青少年读物 Ⅳ.①TU-881.2

中国版本图书馆CIP数据核字（2019）第131957号

责任编辑：蔡华民
责任校对：赵听雨

绘图：李京、高舒阳、史雅彬
文字撰写：李旭阳
艺术总监：向雅乐
策划：中工国城科技（北京）有限公司
图书编写委员会：索智、逄宁、赵林琳、王锐英、蔡华民、李旭阳、向雅乐、李京、高舒阳、史雅彬、韩聪、卫笛
出版资助："北京市高校、社会力量参与小学体育美育发展课题"

图说北京建筑
索智 等编
＊
中国建筑工业出版社出版、发行（北京海淀三里河路9号）
各地新华书店、建筑书店经销
北京建筑工业印刷厂制版
北京富诚彩色印刷有限公司印刷
＊
开本：880×1230毫米 1/16 印张：2 字数：42千字
2019年8月第一版 2019年8月第一次印刷
定价：30.00元
ISBN 978-7-112-23951-1
（34257）
版权所有 翻印必究
如有印装质量问题，可寄本社退换
（邮政编码100037）